ESSAI

SUR

L'HISTOIRE GÉNÉRALE

DES SCIENCES

PENDANT

LA RÉVOLUTION FRANÇAISE.

ESSAI
SUR
L'HISTOIRE GÉNÉRALE DES SCIENCES
PENDANT
LA RÉVOLUTION FRANÇAISE.

PAR J. B. BIOT,

Associé de l'Institut National de France, Professeur au Collége de France, et Membre de la Société Philomatique de Paris.

. . . . artes,
Per quas Latinum nomen, et Italæ
Crevere vires, famaque, et imperî
Porrecta majestas ad ortum
Solis, ab Hesperio cubili.
HORAT. Carm. lib. IV.

A PARIS,

Chez { DUPRAT, Quai des Augustins; FUCHS, rue des Mathurins;

AN 11. — 1803.

(Ce Précis avait été composé pour servir d'introduction à la nouvelle édition du Journal des Écoles Normales; des circonstances particulières ont déterminé l'auteur à le publier séparément.)

ESSAI
SUR
L'HISTOIRE DES SCIENCES
PENDANT
LA RÉVOLUTION FRANÇAISE.

On se propose de tracer, dans cet écrit, l'Histoire générale des Sciences, pendant la Revolution : on s'attachera moins à détailler leurs découvertes, qu'à montrer la part qu'elles ont prise à cet événement, et le sort qu'elles ont éprouvé : leur situation à cette époque est sans exemple. On les avait vues, jusqu'alors, fleurir sous les Gouvernemens éclairés et s'éteindre dans les dissentions civiles. Le despotisme révolutionnaire leur donna une existence politique, il s'en servit pour inspirer de la confiance au peuple, pour préparer des victoires et gagner des batailles. Les secours qu'elles fournirent furent si grands, que l'on voulut les perpétuer. C'est ce qui fit créer plusieurs établissemens d'instruction publique, et entr'autres l'école Polytechnique et l'école Normale : précaution devenue trop nécessaire, car un grand nombre de savans avait déjà péri, d'autres étaient cachés ou dans les fers; le reste, organisé en ateliers, était employé à travailler pour la Révolution, et contraint de racheter, par des prodiges continuels, la vie qui leur était conservée.

Mais avant d'en venir à ces tems malheureux, il est nécessaire de rappeler quel était l'état des Sciences, lorsque la Révolution commença, afin que l'on connaisse avec les faits les causes qui leur ont donné naissance.

Les écrivaius du siècle de Louis XIV avaient porté les lettres au plus haut degré de perfection. La langue française leur devait sa pureté et son élégance : toutes ses beautés, toutes ses ressources étaient déployées dans leurs ouvrages. Leurs successeurs ne purent les égaler dans les genres où ils étaient à la fois créateurs et modèles, et les parties les plus brillantes de la littérature étant, pour ainsi dire, épuisées, le talent d'écrire vint animer les Sciences et embellir la Philosophie.

Ce changement, contre lequel on a beaucoup déclamé, est peut-être moins l'effet du manque de génie que le résultat inévitable de la marche de l'esprit humain. Toujours les beaux tems de la poësie préparèrent le règne des Sciences; Platon et Aristote, chez les Grecs, avaient été précédés par Sophocle et Euripide; chez les Romains, Pline et Senèque suivirent le grand siècle d'Auguste.

Au reste, par une conséquence nécessaire, les lettres en perdant leur éclat étendirent leur pouvoir. Les passions que la poësie fait naître ne durent qu'un moment; ces jeux de l'imagination n'influent point sur les événemens politiques : la philosophie au contraire, agissant sur la raison, a des effets lents mais durables, et lorsqu'elle sait, pour plaire, se parer des charmes du style, la puissance qu'elle exerce sur l'opinion peut aller jusqu'à changer les mœurs des peuples et le sort des états. La France, depuis le règne de Louis XIV, offre un exemple continuel de cette vérité.

Boileau, Racine et Corneille n'avaient obtenu que l'admiration de leur siècle, Voltaire prit de l'autorité sur le sien. Il n'atteignit pas la perfection exclusive de ces grands modèles, mais il eut un talent plus flexible, un esprit plus varié, des connaissances plus étendues : leur goût exquis dans la littérature se changea chez lui en un tact délicat qui s'étendit à tout : assez riche pour n'avoir besoin que de célébrité, il donna aux gens de lettres une dignité, une considération qu'ils n'avaient point encore : sa critique, tout-à-la-fois mordante et légère, s'aidant de l'énergie de Rousseau, et de la raison de Montesquieu, fonda cette puissance de l'opinion publique, à laquelle rien ne peut résister.

Tout contribuait alors à donner du crédit aux lettres, le rang, le nombre, le mérite de ceux qui les cultivaient : les Sciences même, revêtues par elles de formes plus aimables, trouvaient place auprès des gens du monde. Fontenelle les avait, pour ainsi dire, introduites dans la bonne compagnie. Les graces dont ils les avait embellies leur donnèrent pour partisans, outre ceux qui les aimaient en effet, ceux qui voulaient simplement avoir l'air de s'en occuper. d'Alembert prouva qu'elles n'excluent ni la finesse de l'esprit, ni le talent d'écrire. Buffon montra qu'elles se prêtent à tous les effets de la plus grande éloquence.

Tant de succès étaient bien propres à les mettre en faveur ; ils firent naître pour elles un goût universel, et la littérature, devenue en vieillissant plus méthodique que passionnée, dut leur céder son empire.

Peut-être l'attrait de la nouveauté contribua-t-il à cette révolution ; mais ce n'en fut pas la seule cause : rien n'est plus beau, rien n'est plus digne de l'admiration des hommes, que le génie développant avec noblesse les lois éternelles de la nature.

Les Sciences, en répandant ainsi leurs lumières, contribuaient de la manière la plus sûre, à faire disparaître les préjugés que combattait la philosophie. Pour seconder leurs efforts, on conçut l'idée d'un ouvrage où toutes les connaissances humaines seraient renfermées suivant un ordre systématique ; et dans lequel on pourrait cependant retrouver, à point nommé, leurs plus petits détails. Tel est l'objet et le plan de l'Encyclopédie que Diderot et d'Alembert publièrent. Cet immense travail, rédigé à la hâte par une foule d'écrivains différens, devait nécessairement manquer d'ensemble. On peut même lui reprocher beaucoup d'imperfections dans les détails ; mais il n'en a pas moins rempli son véritable but, qui était de mettre sous les yeux des gens du monde, une table de matières où ils pussent apprendre l'existence d'une foule de connaissances positives qui leur étaient entièrement inconnues. C'était le premier pas et le plus difficile à faire pour leur inspirer le goût de la véritable instruction; car c'est un effet naturel et constant de l'amour-propre de faire mépriser les choses que l'on a long-tems ignorées. Sous ce point de vue, l'Encyclopédie était une barrière qui empêchait pour toujours l'esprit humain de retrograder. Les ennemis de la philosophie s'en effrayèrent; ils se vengèrent par des persécutions; mais enfin la raison l'emporta. Et quoique cet ouvrage doive par sa nature devenir incomplet, à mesure que les Sciences et les Arts s'aggrandissent, le souvenir en restera comme d'un monument également honorable pour les hommes qui ont osé l'entreprendre, pour le peuple chez lequel il s'est exécuté, et pour le siècle qui a mérité qu'on l'élevât.

On vient de voir par quels degrés les Sciences se sont emparé, vers la fin du 18.e siècle, de l'influence que les lettres avaient jusqu'alors exercée; il reste à montrer dans leur état à cette époque, sur-tout dans la marche qu'elles ont prise, les causes qui rendront cette faveur durable.

Une opinion s'est élevée, revêtue d'une apparence de sagesse, appuyée sur de grandes autorités. On a voulu faire entendre que les connaissances humaines ont comme les flots de la mer, leur flux et leur reflux au milieu des âges du monde; qu'elles ne s'élèvent à certaines époques, que pour s'abaisser dans d'autres; et qu'enfin elles reconnaissent aussi des bornes qu'elles ne peuvent jamais passer. On apporte en témoignage le peu de progrès qu'ont faits les Sciences depuis qu'elles sont cultivées, la bizarrerie et la contradiction des systêmes qui ont successivement occupé les hommes; sur-tout l'insuffisance des méthodes les plus perfectionnées, lorsqu'on les fait lutter contre l'adresse mystérieuse de la nature. Ces idées de vicissitudes plaisent à l'imagination inquiète, qui cherche toujours dans le passé le souvenir d'un état meilleur; et tandis que l'on déplore la faiblesse des moyens qui ont été donnés à l'homme, on condamne comme des esprits téméraires ceux qui cherchent à les augmenter.

Quelle est cependant cette antiquité si

reculée, dont on veut regarder l'expérience comme établissant la mesure de notre entendement? Les annales des peuples, celles du moins qui ne renferment que des faits authentiques, ne remontent guères au-delà de 28 siècles. Dans cet intervalle, on compterait à peine huit cents ans qui aient été fertiles pour l'esprit humain : le reste est un désert abandonné à l'ignorance et à la barbarie. Les Grecs et les Romains, qui ont vu une partie de ces tems favorabes, les ont consacrés à l'étude de la morale et à l'avancement des lettres. Ce n'est que chez nous autres occidentaux, sur-tout depuis la découverte de l'imprimerie, que les Sciences ont été généralement cultivées; alors seulement elles ont pris une marche philosophique; c'est-à-dire, que chacune d'elles a été appliquée au perfectionnement des autres, et leurs progrès, depuis cette époque, ont été pour toujours assurés. Il suffit, pour s'en convaincre, de jeter les yeux sur leur histoire.

Lorsque le commerce des Arabes et celui des Grecs échappés à la prise de Constantinople, ramenèrent en Europe le goût des Sciences depuis long-tems oubliées, l'histoire naturelle se ranima une des premières. Les ouvrages d'Aristote furent lus et médités. Quelques naturalistes se formèrent : c'étaient des compilateurs érudits qui répandirent le goût de la Science, et la servirent sans l'avancer.

Cependant l'habitude des voyages fit naître le talent de l'observation. Ce ne fut plus assez d'étudier l'image de la nature dans les écrits des anciens, on voulut la voir elle-même, mais vivante et animée. Bientôt la découverte d'un nouveau monde rempli de productions inconnues, entraîne une multitude d'observateurs : les faits et les descriptions se multiplient. Déjà l'on s'attache à rapprocher les êtres par des rapports naturels ; on cherche à les groupper par familles, à les distribuer en classes. L'histoire naturelle s'avance ainsi jusqu'au 18.e siècle, en marchant toujours d'un pas égal.

Alors Linnée, concevant l'idée vaste d'une méthode systématique universelle, rassemble ces matériaux épars, saisit les traits qui les unissent, et les enlace tous dans un réseau immense, dont les fils, toujours distincts, conduisent avec sûreté jusqu'aux plus petits détails. Dans le même tems, Buffon paraît, s'élance aux vues les plus hardies, découvre l'équilibre de l'univers dans le balancement perpétuel des forces sans cesse agissantes, dont les espèces, ces individus immortels sont animées; et sa grande éloquence, annoblissant tous les êtres par leurs rapports au système général, montre enfin la nature dans toute sa majesté. Une foule d'hommes célèbres secondent ces efforts, et l'histoire naturelle est portée au premier rang parmi les connaissances humaines.

Parvenue à ce dernier période, cette Science, désormais trop étendue pour être complettement embrassée dans le cours d'une seule vie, se partage en plusieurs branches qui prennent des accroissemens rapides.

L'histoire des animaux ne se réduit plus à une description souvent imparfaite de leurs formes extérieures, elle offre le tableau de leurs mœurs; elle observe leurs habitudes, non-seulement dans les plus grands d'entr'eux, dont l'instinct n'est presque de la force, mais aussi dans les plus petits dont les ruses et la prévoyance sont proportionnées à leur faiblesse. Appuyée sur l'anatomie, elle cherche, dans la conformation de leurs organes intérieurs, l'explication des phénomènes qu'ils présentent ; et par là, elle assigne leur place dans l'ensemble général des êtres.

La botanique ne se borne plus à nommer et à décrire les végétaux : une physique délicate est employée pour découvrir les lois de leurs diverses fonctions. Les méthodes artificielles se multiplient et facilitent l'entrée de la science. En même tems une étude plus importante et plus relevée fixe les efforts des savans. Ils comparent les organes des plantes, pour y reconnaître leurs rapports naturels. Bientôt ils les découvrent à l'origine de la vie, dans ces premiers développemens que la nature a soumis à des lois immuables chez tous les êtres organisés : alors la méthode systématique, réduite à son véritable usage, ne sert plus à classer les végétaux, mais seulement à les reconnaître, et la méthode naturelle, fondée sur une longue suite d'observations héréditaires, atteint à-la-fois ce double but.

La minéralogie ne se contente plus des caractères peu précis qu'offre l'aspect extérieur ; elle emprunte de la chimie les moyens d'analyser et de classer les minéraux. Elle cherche les propriétés physiques qui peuvent rendre leur détermination facile ; elle remonte par une sorte de dissection jusqu'aux premiers élémens des corps cristalisés, et partant de ces formes simples recompose par leur superposition géométrique des divisions véritablement naturelles. Aggrandie par ces secours, elle joint aux charmes des Sciences naturelles, la précision qui résulte toujours de l'heureuse application du calcul. L'étude du globe terrestre qui autrefois s'y trouvait comprise, devient une Science particulière qui, sous le nom de géologie, considère la structure de la terre, et reconnaît par leurs traces terribles les bouleversemens successifs qui l'ont agitée.

Libre des entraves que les préjugés et la superstition lui avaient donnés, l'anatomie fait des progrès immenses, et devient la base de l'histoire des êtres animés. A la circulation du sang qui était déjà reconnue, on ajoute les phénomènes importans de l'irritabilité, l'existence des sucs qui préparent la décomposition des alimens, la disposition et l'usage des vaisseaux, qui, par leurs ramifications infinies, vont porter en même tems à tous les points du corps la nourriture et la vitalité. On ne se contente plus d'observer des individus, on suit les états progressifs des divers organes depuis l'enfance jusqu'à la vieillesse. L'ensemble de ces connaissances fournit des lumières précieuses à la physiologie qui n'est encore qu'une Science d'observation. La chirurgie en devient plus hardie, parce qu'elle est plus éclairée; elle simplifie l'art d'extirper la pierre et ses cruelles douleurs; elle ose provoquer par l'inoculation cette maladie terrible qui germe en nous avec la vie, et qu'il faut, pour ainsi dire, surprendre pour la combattre avec avantage. La sagesse unie à l'expérience découvre une foule d'opérations aussi admirables que sûres, pour le soulagement de l'humanité. Enfin, la multiplicité des faits observés permet de lire dans leur rapprochement les lois générales de l'organisation animale, et le genre d'étude qui avait conduit en botanique à la méthode naturelle forme l'anatomie comparée.

Des grands voyages sont entrepris pour reconnaître des contrées éloignées, découvrir de nouvelles terres, et enrichir l'histoire naturelle. Toutes les productions du globe sont renfermées dans un vaste édifice, où la méthode rapprochant les êtres des climats éloignés, présente sous un seul point de vue l'ensemble et tous les détails de la nature.

Voilà ce qu'a fait pour les Sciences naturelles ce 18.e siècle, tant décrié par l'ignorance.

Les progrès de l'esprit humain vers cette époque sont encore plus sensibles dans les Sciences qui, joignant l'expérience à l'observation, empruntent de la philosophie les moyens d'interroger la nature.

Ces Sciences avaient été peu avancées par les Grecs et les Romains, dont l'étude favorite était la philosophie morale. Après la renaissance des lettres, elles restèrent long-tems stationnaires en Europe, où l'on ne s'occupait que de théologie. Des anticipations téméraires et prématurées, une dialectique bonne pour disputer et non pour inventer, voilà ce qui composait alors la philosophie naturelle.

Galilée par son exemple, Bacon par ses écrits détournèrent les savans de ces efforts stériles, et les rappellèrent à l'expérience; non pas à cette expérience hasardeuse qui ressemble au tâtonnement dont on se sert pendant la nuit, mais à celle qui toujours sûre et féconde, fait d'abord briller la lumière et découvre la trace de la vérité.

Descartes, plus propre à entraîner les hommes, acheva cette révolution. Il délivra ses contemporains de l'espèce de culte qu'ils rendaient à la philosophie d'Aristote, et leur apprit par la chute de cette grande idole à le juger bientôt lui-même. Dès-lors on ne reconnut d'autorité que celle de l'expérience et de la raison. Les Sciences, dégagées de l'esprit de système qui les avait égarées, entrèrent dans leur véritable route.

Les effets de ce changement se firent d'abord sentir dans la physique qui, opposant les corps les uns aux autres pour observer leurs actions réciproques, est la plus simple des Sciences après l'histoire naturelle, qui les classe et les définit. On doit rapporter à cette époque, le commencement de ses progrès et l'origine des grands travaux qui l'ont depuis enrichie.

La physique, considérant l'état des corps comme permanent ou comme variable, se partage naturellement en deux divisions. La première comprend les actions mécaniques que les corps exercent les uns sur les autres, en vertu de leurs propriétés générales; la seconde renferme les modifications dues à des forces accidentelles et variables, comme la chaleur, l'électricité, le magnetisme.

Les phénomènes dus à des causes permanentes, étant les plus simples, se sont offerts les premiers à l'attention des observateurs. Déjà, du tems de Newton, les lois de l'équilibre et du mouvement sont trouvées ; le pendule est appliqué à la mesure du tems, et le télescope aux usages astronomiques ; la pesanteur de l'air est démontrée ; le baromètre est inventé ; enfin, par les travaux de ce grand homme, la propagation du son et celle de la lumière sont reconnues ; la lumière est décomposée ; les instrumens d'optique sont perfectionnés, et une foule de faits sont expliqués par ces découvertes.

Les phénomènes physiques, dans lesquels l'état des corps varie, étaient alors peu étudiés ; on connaissait seulement les effets généraux de la chaleur, pour dilater les corps, et quelques propriétés attractives du magnetisme et de l'électricité.

Depuis Newton, la partie mécanique de la physique a encore reçu des perfectionnemens : on a porté plus de précision dans quelques détails. L'optique a donné aux navigateurs,

navigateurs, l'Octant dont ils se servent pour les longitudes en mer, et aux astronomes le cercle répétiteur si utile dans les opérations relatives à la mesure de la terre. Le calcul et l'expérience ont créé la théorie des instrumens à vent et celle des lunettes achromatiques.

Mais la partie de cette science qui traite des causes accidentelles, a fait sur tout des pas remarquables.

On a déterminé, avec plus d'exactitude, l'action de la chaleur. Le baromètre et le thermomètre ont été perfectionnés. L'influence de la température sur le ressort de l'air, a été mesurée : sa faculté de dissoudre de l'eau a été reconnue : on a créé un instrument pour marquer son degré d'humidité apparent. Par suite de ces recherches, les modifications de l'athmosphère ont été mieux observées. On a cherché les lois suivant lesquelles la chaleur se communique ; les différens états où elle devient sensible, ont été distingués. Enfin, on s'est élevé à cette considération générale que la solidité, la liquidité et l'état aériforme, sont de simples modifications produites par les forces sans cesse opposées de la chaleur qui tend à écarter les molécules des corps, et de l'attraction qui tend à les rapprocher.

L'électricité et le magnétisme ont présenté des découvertes encore plus brillantes.

Quelque tems après la mort de Newton, les phénomènes électriques se multiplièrent entre les mains de Gray et de Dufay ; on découvrit les effets étonnans de la bouteille de Leyde. Le bruit de ces expériences s'étendit jusqu'en Amérique : cette terre, encore à demi sauvage, avait déjà produit un homme, que sa sagesse et sa tranquilité d'âme, rendaient également propre à observer la nature et à civiliser son pays. Ayant reçu d'Angleterre une machine électrique, Franklin suivit les nouveaux phénomènes. Bientôt il parvint à les représenter tous par l'action opposée des deux électricités, dont la combinaison forme l'état naturel des corps. Il découvrit le pouvoir des pointes, et expliqua l'expérience de Leyde. Alors guidé par l'analogie que présentent les effets de la foudre et ceux de la matière électrique, il prononça et prouva leur identité : ce fut là l'origine des paratonerres.

Epinus exposa et rectifia la doctrine de

Franklin, dans un ouvrage où le calcul et l'expérience se prêtent un mutuel secours. Il restait à déterminer la loi suivant laquelle la force respulsive de la matière électrique, varie avec la distance : on y parvint en créant un appareil d'une simplicité et d'une exactitude inespérées. La loi de ces phenomènes s'étendit aux attractions magnétiques, et se trouva la même que celle de la gravitation observée dans les espaces célestes.

Peu de tems après, on fit en France une expérience encore plus hardie que celle de Franklin. Mongolfier inventa les aérostats ; et l'homme, à qui la nature avait refusé des aîles, alla l'interroger au sein des nuées et des orages.

Pendant que ces expériences étonnaient l'Europe, il se faisait, dans un coin de l'Italie, une découverte à laquelle on donna d'abord peu d'attention, et qui maintenant paraît liée aux phenomènes les plus importans de la mort et de la vie. En 1789, un étudiant en médecine de Bologne. disséquant une souris vivante, et la tenant d'une main fixement assujettie, toucha de l'autre un de ses nerfs avec son scalpel, et ressentit aussitôt une commotion électrique.

Rien n'est à négliger dans les sciences ; ce seul fait a été la source des résultats les plus étonnans.

Vers cette époque la chimie venait d'éprouver une de ces révolutions qui renouvellent les sciences ; révolutions bien dignes de fixer l'attention du philosophe, parce qu'elles ne coûtent point de sang, et qu'elles montrent, dans ses efforts progressifs, un des mouvemens les plus remarquables de l'esprit humain.

Jusqu'au dix-septième siècle, la chimie n'était presqu'un recueil de faits isolés ou de procédés secrets. Stalh parut et en fit une science. Il lia tous les phénomènes connus par la seule hypothèse du phlogistique ou du feu combiné. Mais un jour suffit pour renverser les systêmes, le tems ne confirme que les lois de la nature. La théorie fit naître la discussion et l'examen des faits: en les observant avec plus de soin, on vit que plusieurs des circonstances qui les accompagnent avaient été négligées: enfin on s'apperçut que les fluides élastiques, qui se dégagent dans une infinité d'expériences, et que Stalh, sans examen, avait regardés comme de l'air ordinaire, étaient réellement des substances très-différentes les unes des autres. Cette découverte fit étudier leur influence : en les analysant on apperçut une multitude de faits inexplicables par la doctrine du phlogistique. Alors vivait un homme qui joignait à une grande fortune deux qualités ordinairement contradictoires ; le génie, qui généralise, et la précision, qui mesure les détails. Cet homme, c'était Lavoisier, abandonnant les phénomènes secondaires, s'attacha au plus important de tous, à celui de la combustion. Il s'astreignit à tout recueillir, à tout peser, et il prouva d'abord que l'augmentation du poids des métaux pendant la calcination, était due à une portion de l'air athmosphérique qui s'y fixait. Lavoisier fit voir que ce principe absorbé était plus respirable que l'air ordinaire ; il prouva qu'il est un des principes constituans de cet air que l'on avait jusqu'alors regardé comme un corps simple. Lorsqu'il eut ainsi reconnu la nature et l'action de ces substances invisibles, avec autant de précision que s'il eût pu les voir et les toucher, il fut conduit à une infinité de découvertes, toutes liées les unes aux autres ; et il arriva enfin à la célèbre expérience de la décomposition de l'eau : ce fut le complément de sa théorie, qui est maintenant adoptée dans toute l'Europe sous le nom de doctrine pneumatique française.

Les travaux de Lavoisier, et ceux de plusieurs chimistes français qui secondaient puissamment ses efforts, ne changèrent pas seulement l'état de la science, ils lui donnèrent une marche et une logique nouvelle. On sentit la nécessité de joindre l'exactitude des expériences à la rigueur du raisonnement. Peut-être les chimistes dûrent-ils cette réforme au commerce des géomètres, dont ils s'étaient rapprochés lorsqu'ils avaient eu besoin de méthodes précises. Mais aussi les géomètres apprirent à cultiver les sciences physiques, et à y trouver le sujet de leurs plus belles applications : cet échange de lumières est la preuve certaine de la perfection des sciences, en même tems qu'il leur assure de nouveaux progrès : il a donné à la chimie la vraie théorie de la chaleur, et le premier instrument exact qui ait servi à la mesurer.

A l'origine des sciences tous les faits paraissent principaux : en avançant, on apperçoit des rapports ; enfin, lorsque l'objet de leurs recherches est susceptible d'exactitude, il arrive un moment où tout ce qui semblait général devient particulier, et se ramène à un petit nombre de principes. De ces sommets élevés, on peut redescendre avec facilité dans les détails : la marche est simple et naturelle. Alors si l'on fixe ces points de départ à l'aide de signes bien choisis, et qu'on exprime ensuite, par les modifications de ces signes, la dépendance qu'on apperçoit entre les objets dont la science est composée, cette science a une langue philosophique où l'analogie est observée, et qui, par cela même, peut indiquer de nouveaux rapports : telle est la nomenclature que les savans français ont donnée à la chimie. Quoique cette langue nouvelle fût sollicitée par l'accroissement des découvertes, l'idée de ses avantages ne pouvait naître que d'une philosophie très-perfectionnée, et le talent littéraire n'était pas moins nécessaire pour la créer que les connaissances chimiques.

Si le perfectionnement de la philosophie a puissamment contribué aux progrès des sciences qui ont pour objet l'étude des phénomènes naturels, il devait influer plus sensiblement encore sur les mathématiques, dans lesquelles la méthode est tout : c'est aussi ce qui est arrivé.

Les traités qui sont parvenus jusqu'à nous, nous montrent les anciens géomètres bornés aux simples élémens ; leur génie est comme resserré dans ce cercle étroit dont il ne peut sortir. Si l'on cherche la cause qui retient des têtes aussi fortes sur de pareils détails, on voit bientôt que c'est la méthode. La synthèse, dont ils font usage, procède des vérités connues à celles qu'il s'agit de démontrer; et comme toutes les vérités n'ont pas, les unes avec les autres, une liaison également intime, ce n'est que par une sorte de tact qu'on devine celle qui conduit au but ; on ne peut même espérer d'y parvenir que si ce but est très rapproché : la marche des sciences, par cette méthode, est donc lente et difficile.

Les modernes suivent une route contraire ; ils partent de ce qui est en question, pour revenir au centre commun des vérités déjà connues. Cette méthode inverse constitue l'analyse mathématique : aussi rigoureuse que la synthèse, elle est plus directe et plus rapide. On lui doit la plus grande partie des découvertes faites dans ces derniers tems.

De toutes ses applications, la plus belle est la recherche des lois qui régissent le système du monde. L'esprit, en effet, a besoin d'une méthode sûre pour saisir tant de rapports divers, pour les suivre avec constance et percer, à travers leur enchaînement, les voiles dont s'enveloppe la nature. C'est là que l'analyse est indispensable, et de cette nécessité même sont nés presque tous ses progrès. Grâces à son secours, trois siècles ont suffi pour découvrir et fixer tous les phénomènes célestes.

C'est à Copernic qu'il faut rapporter l'origine de ces travaux : inspiré par les écrits de plusieurs philosophes de l'antiquité, il fit revivre leur systême, plaça le soleil au centre du monde, mit les planètes et la terre elle-même en mouvement autour de cet astre, et réduisit la révolution diurne du ciel à une simple illusion produite par la rotation du globe. Tous les phénomènes astronomiques vinrent naturellement se plier à cet arrangement, simple comme la vérité même. Mais, pour ne pas effrayer les préjugés de son siècle, Copernic le présenta comme une hypothèse purement mathématique, et sa mort, qui arriva peu de tems après, prévint les persécutions qu'il aurait sans doute essuyées.

Ces idées, d'abord peu suivies, reprirent faveur par les découvertes de Galilée sur les satellites de Jupiter, et le mouvement de Venus autour du Soleil. Ces phases, ces éclipses, ces retours périodiques s'appliquaient naturellement à la Terre. L'analogie était frappante ; mais le mouvement de cette planète était en contradiction avec quelques passages de l'Écriture. Sur cette autorité, Galilée, âgé de soixante-dix ans, fut cité au tribunal de l'inquisition, et condamné comme hérétique à une prison perpétuelle.

Dans le même tems, Kepler découvrait et publiait les lois fondamentales des mouvemens célestes. Mais c'étaient là des vérités d'un autre ordre que celles dont Galilée était victime : elles étaient trop abstraites, trop enveloppées de calculs, pour faire de nombreux partisans. On ne cherche jamais à étouffer la vérité que dans sa naissance ; dès qu'elle s'élève, elle échappe à-la-fois au vulgaire et à ses persécuteurs.

Cependant les progrès de l'analyse suivaient ceux de l'observation. Cette époque est fameuse dans l'histoire des sciences, par l'invention des logarithmes ; artifice admirable qui, en abrégeant les calculs, étend pour ainsi dire la vie des astronomes, comme le télescope avait aggrandi leur vue.

L'algèbre, qui n'est que la combinaison

analytique des nombres, indépendamment de leurs valeurs particulières, était déjà fort avancée lorsque Descartes parut; mais on n'en avait fait usage que pour des questions déterminées, c'est-à-dire, pour trouver des quantités dont le nombre de valeurs est limité. Descartes, par une nouvelle abstraction l'employa pour exprimer la loi suivant laquelle se succèdent les valeurs des quantités variables; de-là le calcul des lignes courbes et l'application de l'algèbre aux problêmes de géométrie indéterminés.

C'est par des abstractions que les idées se généralisent. Celle-ci fit faire un grand pas aux sciences physiques et mathématiques; elle favorisa puissamment l'impulsion générale que Descartes leur avait donnée. Peut-être aurait-il pu lui-même tirer un plus grand parti de l'instrument qu'il avait créé; mais ce génie impatient semblait moins suivre la nature que la prévenir: les idées de Copernic et les lois de Kepler, qui renfermaient la clef du véritable système du monde, restèrent inutiles entre ses mains.

Huygens, qui connut ces travaux, n'en tira pas non plus ce qu'ils renfermaient;

mais il s'illustra par d'autres découvertes. Il appliqua le pendule aux horloges, expliqua les apparences de l'anneau de Saturne, et fit connaître les lois du mouvement.

Enfin, Newton parut, et les sciences achevèrent de s'éclairer. On étudia les quantités dans leurs plus petites variations, où leur nature se trouve empreinte par des caractères plus généraux : de-là le calcul différentiel inventé en même-tems par Leibnitz et Newton. Cette rencontre ne doit point surprendre ; les grandes découvertes sont ordinairement amenées par l'accroissement des connaissances ; elles sont en quelque sorte inévitables; et les hommes de génie qui sont en avant de leurs siècles, doivent être portés vers elles par le mouvement général auquel ils participent toujours.

Ici la science n'est plus bornée à des détails stériles. Newton établit la loi de la pesanteur universelle. D'après ce seul principe, le système du monde est expliqué, les grands phénomènes qu'il présente sont calculés, et la philosophie naturelle est fondée sur des bases inébranlables.

L'impulsion que Newton avait imprimée autour de lui, fut quelques tems à se propager dans le reste de l'Europe. Les obstacles qu'avait rencontrés Galilée, lorsqu'il proposa l'hypothèse du mouvement de la terre, s'élevèrent aussi contre la loi de la gravitation. Mais cette fois l'ignorance combattit sans avoir le pouvoir de persécuter : le tems fit triompher la vérité. On a depuis beaucoup accru les richesses que Newton avait laissées. De grands voyages ont été entrepris pour reconnaître et mesurer la figure de la terre. Les mouvemens de la lune ont été calculés avec une admirable précision. On a trouvé, dans l'applatissement de la terre, la cause de la précession des équinoxes, et celles de la nutation de l'axe terrestre déjà reconnue par les observations. Le calcul des différences partielles et celui des variations, ont été inventés. Le mouvement de la lumière, combiné avec celui de la terre, a fait connaître la cause de l'aberration des étoiles. Enfin, à l'époque de la révolution, les principes de la mécanique analytique étaient établis;le calcul des probabilités avait reçu la plus grande extension ; tous les phénomènes connus du système du monde, ceux même que leurs longues périodes semblaient dérober aux observations modernes, étaient expliqués et soumis à des lois rigoureuses.

Une nouvelle planète avait été observée : elle confirmait, de la manière la plus éclatante, la théorie Newtonienne ; enfin pour que rien ne manquât à la gloire de l'astronomie, une plume éloquente avait écrit son histir e.

Voilà qnels ont été les progrès de l'esprit humain dans les Sciences physiques et mathématiques : on n'y remarque que deux périodes distinctes: l'une avant, l'autre après la renaissance des lettres en Occident. Dans la première, qui comprend toute l'antiquité, les philosophes imaginent de vastes systèmes dont ils s'efforcent ensuite de démontrer la vérité : rien n'est calculé, rien n'est mesuré. Quelques traités sont composés par des hommes de génie ; ils renferment la collection des résultats connus, et non des méthodes d'avancement et de recherches. On observe quelques phénomènes, on recueille des faits ; mais toujours dans des vues particulières, et non pour fonder, sur leurs rapports, la philosophie naturelle. En un mot, quelques détails existent : l'ensemble des sciences n'existe pas.

Dans la seconde période, qui comprend les tems modernes, on se sert des faits moins pour en retirer des applications immédiates que pour développer les vérités qui en dérivent. On passe d'abord de ces faits à leurs conséquences les plus simples qui n'en sont presque que des énoncés. De celles ci on s'élève à d'autres plus étendues, jusqu'à ce qu'on arrive enfin, par des degrés insensibles, aux généralités les plus abstraites. La méthode est une induction sans cesse vérifiée par l'expérience. Elle donne à l'intelligence humaine, non des ailes qui l'égarent, mais des rènes qui la dirigent. Les sciences unies par cette philosophie commune, s'avancent de front; les pas que fait chacune d'elles, servent à entraîner les autres. Leur marche, par cette méthode, est donc à-la-fois sûre et féconde. Elle sera toujours croissante et irrésistible, puisqu'il faudrait pour l'arrêter, anéantir ensemble et au même instant, toutes les connaissances humaines : malheur affreux, dont la découverte de l'imprimerie nous a pour toujours préservés.

Lorsqu'au milieu d'une nuit obscure, perdu dans un pays sauvage, un voyageur s'avance avec peine à travers mille dangers; s'il se trouve enfin au sommet d'une haute montagne qui domine un vaste horison; et que le soleil, en se levant, découvre à ses yeux une contrée fertile, et un chemin facile pour le reste du voyage, transporté de joie, il reprend sa route, et bannit les vaines terreurs de la nuit. Nous, à la vive lumière de la philosophie, oublions donc aussi ces craintes chimériques du retour de l'ignorance, et marchons d'un pas ferme dans l'immense carrière désormais ouverte à l'esprit humain.

Les savans et les gens de lettres, qui avaient élevé l'édifice des connaissances humaines à une si grande hauteur, jouissaient de la considération qu'ils avaient acquise: on recherchait leurs personnes, on admirait leurs écrits, on ambitionnait leurs suffrages. Assez courageux pour conseiller le bien, ils avaient quelquefois assez de crédit pour faire reparer le mal. Les uns, possesseurs d'une grande fortune, l'employaient à propager les sciences et les arts; les autres, sortis par leurs talens de la classe obscure où le hasard les avait placés, n'étaient, quoique moins riches, ni moins estimés, ni moins accueillis; il semblait que le mérite mêlât les rangs dans la société. Ceux que leurs talens et leurs belles qualités avaient le plus distingués, formaient une sorte d'académie, unie par l'amitié au sein de l'académie elle-même.

Rapprochés

Rapprochés par leurs goûts, leurs travaux et leurs vues, ils mettaient en commun leurs efforts; élevés, par un noble désintéressement, au-dessus des misères de l'envie et de l'amour propre, l'avancement des sciences les occupait beaucoup plus que leur gloire particulière : de ce nombre furent Condorcet, Bailly et Lavoisier; les deux derniers ont péri sur l'échafaud pendant la révolution, le premier s'est empoisonné pour s'y soustraire. Quelques-uns de leurs amis ont survécu ; ce sont eux qui ont rallumé en France le flambeau des lumières que l'anarchie avait éteint.

Mais n'anticipons point sur l'ordre des tems. Nous voici arrivés à une époque pleine de malheurs publics et d'infortunes particulières : à peine trouverait-on en France une seule famille qui n'en ait éprouvé les effets. De-là sont nés une multitude d'intérêts, de souvenirs, de haines qui subsistent encore, et rendent difficile l'histoire de cette révolution; car les hommes, selon qu'ils ont été différemment agités, altèrent la vérité de diverses manières : les uns, par l'envie de flatter ou de dénigrer les gouvernans; les autres, parce qu'ayant perdu courage, ils ont cessé de prendre intérêt à la chose publique, qu'ils ont regardée comme le patrimoine des factions ; mais celui qui, étranger à tous les partis, ne s'est point laissé aigrir par l'adversité, parle sans amitié comme sans haine, et dit avec sincérité le bien comme le mal.

Lorsque la révolution commença, tous les esprits se tournèrent vers la politique. Les sciences furent subitement abandonnées : elles ne pouvaient être d'aucun poids dans la lutte qui s'était engagée et qui occupait toutes les têtes. Bientôt on oublia complètement leur existence : la liberté faisait le sujet de tous les écrits, de tous les discours ; il semblait que les orateurs eussent seuls le pouvoir de la servir, et cette erreur a été en partie la cause de nos maux. La plupart des savans restèrent simples spectateurs des événemens qui se préparaient : aucun ne prit ouvertement parti contre la révolution ; quelques-uns s'y engagèrent. Ce furent ceux qui étaient agités par de grandes vues, et qui trouvaient, dans le renouvellement de l'organisation sociale, un moyen d'appliquer et de réaliser leurs théories. Ils crurent maîtriser la révolution, et furent entraînés par elle ; mais on était plein d'espérance alors. Si l'amour de la liberté n'est que de l'exagération, si le desir de rendre les hommes meilleurs et plus heureux, n'est qu'une chimère, on peut pardonner ces erreurs à ceux qui les ont payées de leur vie.

Parmi les grandes idées que réalisa cette première époque de la révolution, il faut compter celle d'un système uniforme de mesures. De tous les points de la France on réclamait contre la multitude de celles qui étaient en usage; plusieurs rois avaient essayé de faire disparaître cette diversité, nuisible au commerce légitime, favorable à l'agiotage et à la fraude : ce qu'ils n'avaient pu faire, l'assemblée constituante l'entreprit. Elle déclara qu'il ne devait y avoir qu'un seul poids et une seule mesure dans un pays soumis aux mêmes lois. L'académie des Sciences fut chargée de chercher et de présenter le meilleur mode d'exécution. Cette compagnie proposa d'adopter la division décimale, en prenant pour unité fondamentale la dix millionnième partie du quart du méridien terrestre. Les motifs qui déterminèrent ce choix furent l'extrême simplicité du calcul décimal, et l'avantage d'avoir une mesure prise dans la nature. Cette dernière condition eût été, à la vérité, remplie, si l'on eût pris, pour unité fondamentale, la longueur du pendule à secondes pour une latitude donnée ; mais la mesure d'un arc du méridien, exécutée avec la précision que comportait les méthodes et les instrumens actuels, était extrêmement intéressante pour la théorie de la figure de la terre ; ce fut ce qui décida l'académie, et si les motifs qu'elle présenta à l'assemblée constituante n'étoient pas tout-à-fait les véritables, c'est que les sciences ont aussi leur politique : quelquefois pour servir les hommes il faut se résoudre à les tromper.

L'effervescence générale, que la révolution avait fait naître, s'était étendue jusques dans les universités. Le tocsin avait retenti dans ces retraites silencieuses ; à chaque instant des bandes révoltées, mêlées de femmes, d'enfans et d'hommes de tous les états, venaient troubler les études, et forçant la jeunesse de se ranger sous leur sale bannière, lui présentaient le spectacle de tous les excès. Il n'en fallait pas tant pour désorganiser une institution déjà vieillie, et qui n'avait presque plus de considération dans l'opinion publique : les colléges devinrent déserts ; la plupart cessèrent leurs exercices. Le vide qui allait s'opérer dans l'instruction publique, et les funestes effets qui devaient en résulter, frappèrent l'assemblée constituante. Elle décréta que l'enseignement ne serait pas un instant suspendu, et que le roi serait prié d'ordonner la rentrée des collèges comme à l'ordinaire. Mais il était trop tard, l'impulsion était donnée; personne n'avait le pouvoir de l'arrêter. Par-tout l'instruction publique fut nulle ou languissante ; bientôt on la regarda comme inutile.

Au milieu de la secousse génerale qui ébranlait la France, la chute des universités ne fit aucune sensation ; mais l'influence de cet événement, sur la génération qui s'élève, n'en sera pas moins sensible un jour. L'organisation actuelle de la société est fondée sur les progrès de la civilisation ; elle a l'instruction générale pour une de ses bases ; on ne peut y porter atteinte sans rompre une partie des ressorts qui meuvent le corps social. Le mal est d'abord insensible ; on n'a pas détruit la vie, on a flétri les organes de la reproduction. Aussi, lorsque la race nouvelle est amenée par le tems dans le système politique, les hommes sont petits et faibles, l'état, qu'ils ne peuvent soutenir, s'abaisse entre leurs mains : puissent des moyens réparateurs préserver la France de ce triste sort.

Ce n'est pas que je veuille présenter l'ancienne éducation comme la seule qui puisse donner à la patrie des citoyens éclairés ; je je sais qu'il ui manquait beaucoup de choses pour remplir ce but ; mais l'expérience nous a trop appris, qu'en fait d'insrruction publique, il faut, si l'on ne veut pas tout perdre, améliorer et non détruire.

Quelque sentiment que l'on ait conservé sur l'ancienne université de Paris, il faut convenir qu'elle était en arrière de plusieurs siècles pour tout ce qui concerne les Sciences et les arts. Péripatéticienne, lorsque le monde savant avait renoncé, avec Descartes, à la philosophie d'Aristote, elle devint cartésienne quand on fut newtonien : telle est la coutume des corps enseignans qui ne font point de déconvertes. Investis à leur formation d'une grande influence sur les opinions scientifiques, parce qu'ils sont composés des hommes les plus instruits du tems, ils veulent constamment conserver ces avantages. Ils souffrent difficilement qu'il se forme, hors de leur sein, des opinions nouvelles, qui pourraient balancer les leurs ; et si le progrès des Sciences les oblige enfin d'abandonner leur doctrine, ils n'adoptent jamais les théories les plus modernes, fussent-elles d'ailleurs préférables ; ils embrassent celles qui leur étaient antérieures de quelque tems, et qu'eux-mêmes avaient précédemment combattues. Cette inertie des corps enseignans, est un mal inévitable, parce qu'elle est l'effet de l'amour-propre, la plus invariable des passions.

Une pareille fixité d'opinions pouvait avoir quelques avantages lors de la décadence des sciences et des lettres : elle conservait sans altération le dépôt des connaissances humaines, ce qui était le plus grand bienfait que des siècles d'ignorance pussent transmettre à la postérité. C'est une justice que l'on doit aux congrégations monastiques, qui de tout tems ont été, dans leur intérieur, des corps enseignans. Mais maintenant que les sciences ont une marche rapide et assurée, maintenant que l'imprimerie nous a défendu pour toujours contre les efforts de la tyrannie et de l'ignorance, des corporations enseignantes, et par-là même stationnaires, ne feraient que retarder les progrès des lumières sans produire aucun bien; puisque le seul service qu'elles puissent rendre est devenu à jamais inutile.

L'assemblée constituante ayant vainement essayé de maintenir l'éducation existante, quelques-uns de ses membres demandèrent qu'on posât au moins les bases nécessaires à son rétablissement. Plusieurs projets furent présentés et leur résultat général fut soumis à la discussion. Dans tous on s'accordait à regarder l'instruction publique comme le seul moyen de généraliser la liberté civile et de maintenir la liberté politique. On convenait de l'insuffisance des anciennes institutions, qui avaient été créées pour un but tout différent; enfin on proposait divers degrés d'enseignement, depuis les connaissances qui sont nécessaires à tous les hommes, jusqu'aux spéculations élevées par lesquelles s'opère le perfectionnement général et graduel de l'esprit humain. Les moyens d'exécution attachés à ces divers plans étaient à-peu-près les mêmes: en les combinant, il eût été facile de former un excellent système d'instruction. Mais à cette époque l'assemblée constituante touchait à sa dissolution. Les partis qui la divisaient étaient trop occupés de leurs intérêts présens pour songer à ceux de l'avenir; ils étaient peu portés à établir, avec quelqu'apparence de stabilité, un édifice que tous, par des motifs divers, se promettaient intérieurement de détruire. L'organisation de l'instruction publique fut donc renvoyée à l'assemblée législative ; on ne voulut pas même décréter l'existence des écoles primaires : les motifs apparens de cet ajournement furent l'importance de l'objet, et les méditations profondes qu'il exige. Les véritables, étaient la crainte de laisser ce moyen d'influence entre les mains du pouvoir exécutif que l'on voulait abaisser.

L'assemblée législative, encore plus agitée que la constituante, s'occupa peu des sciences et de l'instruction publique. Condorcet lui présenta sut cette matière un vaste plan qui ne fut pas adopté. Ce n'était pas au moment de la chute du trône, ce n'était pas au milieu des massacres de septembre, que l'on devait songer à donner au peuple les institutions qui éclairent l'esprit, règlent les mœurs, enseignent à respecter les lois, la justice et l'humanité. Cette assemblée impuissante, pour défendre le gouvernement, trop faible pour le remplacer, fut renversée avec lui.

La convention nationale lui succéda. Ce fut un mélange de tous les partis ; à côté d'hommes honnêtes et éclairés, on reconnut les féroces auteurs des vengeances populaires. Ces derniers, déjà remplis d'audace, se fortifièrent encore par la terreur et l'impunité. Sans cesse attachés à flatter les passions de la multitude, appelant l'ordre un vil esclavage, l'autorité des lois une insupportable tyrannie, ils s'entourèrent d'une effrayante popularité. Ennemis de tout ce qui pouvait ramener la tranquilité, ils écartèrent avec dérision les lois relatives à l'organisation de l'instruction publique. Fomentant le trouble et la défiance par des dénonciations continuelles; parlant sans cesse de conspirateurs et de trahison; montrant le souverain dans les sections de Paris, et la volonté du peuple dans celle des comités révolutionnaires; entretenant, dans la commune de Paris, une autorité à eux, rivale de la convention elle-même, ils acquirent bientôt un pouvoir terrible qu'ils manifestèrent à leur manière, c'est-à-dire, par des atrocités. Quelques hommes courageux résistaient encore; ils étaient redoutables par leur civisme, leurs talens et leurs vertus : on fit demander l'arrestation des principaux d'entr'eux par la commune, qui en apporta la liste. Le 2 juin 1793, ils furent proscrits, et il n'y eut plus de liberté.

Ce fut pourtant au milieu de cette crise que l'on décreta l'aggrandissement du Museum d'histoire naturelle; et ce qui était plus utile encore, que l'on en fit un établissement d'instruction publique. Quelles étaient donc ces mains bienfaisantes, mais invisibles, qui soutenaient encore l'édifice des sciences, lorsque l'État était renversé ?

Condorcet, que l'on avait d'abord oublié, ne tarda pas à éprouver le sort des députés de son parti. Ses vues généreuses ne pouvaient s'accorder avec les principes des septembriseurs. Il dénonça à ses commettans l'outrage que venait de recevoir la représentation nationale; il les prévint contre la constitution qu'on allait leur donner. C'était un acte de courage que la mort seule pouvait expier. On ordonna son arrestation. Celui qui se chargea de l'accuser, lui fit en quelque sorte un crime d'avoir été académicien et philosophe.

Quelques jours après, Robespierre, comme s'il eut voulu faire croire que la convention n'avait rien perdu du côté des talens, ramena la discussion sur l'instruction publique. Il lut à la tribune, un long projet d'éducation nationale, ouvrage postume de Lepelletier, et en vota fortement l'adoption. Ce plan portait que tous les enfans, sans exception, seraient élevés en commun aux frais de la république. Robespierre présenta ces dispositions comme les seules qui pussent assurer la conservation des principes républicains. Cependant il trouva des contradicteurs. Les uns combattirent le projet comme inexécutable et immoral ; d'autres le regardèrent comme inutile. En général, ils ne voyaient pas la nécessité d'organiser l'instruction publique, qui, toujours plus à portée du riche que du pauvre, leur paraissait contraire à l'égalité. Après une discusion long-tems prolongée, on se borna à décider qu'il y aurait une éducation commune, mais libre ; et ce résultat insignifiant, eut du moins l'avantage de préserver l'instruction et la morale publiques, des maux irréparables que leur aurait faits un plan conçu et exécuté à cette époque.

Cependant au milieu d'une délibération qui semblait vouer la France à l'ignorance, on saisit les avantages d'un travail qui avait exigé toutes les ressources des Sciences et des Arts. Le nouveau système de poids et mesures fut mis en activité. Quoique les opérations entreprises pour la détermination d'un arc du méridien, ne fussent pas encore achevées, l'académie avait calculé le Mètre d'après les observations anciennes, avec une exactitude suffisante pour tous les besoins de la societé. Elle avait déterminé, par des expériences précises, la longueur du pendule à secondes, et le poids d'un centimètre-cube d'eau distillée : c'étaient les élémens de toutes les autres mesures. Les observations nouvelles ne pouvaient apporter à leurs valeurs que des corrections insensibles ; on s'empressa d'en introduire l'usage, moins peut être par amour du bien public, qu'en haîne des anciennes institutions. La convention déclara qu'elle était satifaite du travail de l'académie; elle adopta ses résultats, ordonna l'établissement du nouveau système dans toute l'étendue de la république, et l'offrit à l'adoption des nations étrangères.

Quelques jours après, les académies furent supprimées : on laissa seulement subsister la commission chargée, par l'académie des Sciences, du travail relatif aux poids et mesures.

Quoique l'éducation commune eût été décretée sur la proposition de Robespierre, les hommes éclairés qui restaient dans la

Convention , trouvèrent le moyen d'entraver cette mesure. Ils firent demander, par les autorités constituées de Paris, le rétablissement de l'instruction publique ; et enlevèrent , en quelque sorte par surprise, un décret qui établissait, outre les écoles primaires , trois degrés d'enseignemens : c'était revenir aux projets de l'assemblée constituante. Les révolutionnaires voulurent faire raporter cette décision, comme contraire à l'égalité , et à la loi qui ordonnait une éducation commune ; mais cette fois ils eurent le dessous. Par ce même décret les collèges de plein exercice, les facultés de théologie, de médecine, des arts et de droit furent supprimées.

Ces faits montrent assez ce qu'était alors la convention ; divisée en deux partis qui, sous les mêmes dehors , marchaient à des buts contraires : l'un, composé d'hommes ignorans et féroces, dominait par la force ; l'autre plus éclairé, se soutenait par l'adresse. Les premiers, possesseurs inquiets d'un pouvoir absolu, et décidés à tout perdre ponr le garder , s'efforçaient d'anéantir les talens et les lumières qui leur fesaient sentir leur humiliante infériorité. Les autres , tenant le même langage, agissaient dans un sens opposé ; ils sauvaient les Sciences et les Arts, en les couvrant du manteau de leurs ennemis. Mais obligés, pour conserver leur influence, de ne jamais se montrer à découvert, ils n'employaient leurs moyens qu'avec une extrême réserve ; et ce rapprochement explique à-la-fois le bien qu'ils ont fait, le mal qu'ils ont empêché, et les malheurs qu'ils n'ont pas pu prévenir.

La France touchait à sa perte; Landrecies, le Quesnoy, Condé, Valenciennes étaient au pouvoir de l'ennemi; Toulon s'était livré aux Anglais : des flottes nombreuses tenaient la mer et effectuaient des débarquemens. Au-dedans, la famine et la terreur; la Vendée, Lyon, Marseille en état de révolte. Point d'armes, point de poudre, aucun allié qui pût ou qui voulût en fournir ; et, pour toute ressource, un gouvernement anarchique, sans plan, sans moyens de défense, habile seulement à persécuter. Tout annonçait que la république allait périr avant d'avoir eu une année d'existence.

Dans cette extrémité on appela au comité de salut public deux nouveaux membres, que l'on chargea de la partie militaire.

Ils organisèrent les armées, conçurent des plans de campagne, préparèrent les approvisionnemens.

Il fallait armer neuf cent mille hommes ; et, ce qui était plus difficile, il fallait persuader la possibilité de ce prodige à un peuple méfiant, toujours prêt à crier à la trahison. Pour cela les anciennes manufactures n'étaient rien ; plusieurs, situées sur les frontières, étaient envahies par l'ennemi. On les recréa par-tout avec une activité jusqu'alors inconnue. Des savans furent chargés de décrire et de simplifier leurs procédés ; la fonte des cloches donna tout le cuivre nécessaire. L'acier manquait, on n'en pouvait tirer du dehors, l'art de le faire était ignoré ; on demanda aux savans de le créer, ils y parvinrent ; et cette partie de la défense publique devint indépendante de l'étranger.

Les besoins de la guerre avaient fait sentir, de la manière la plus pressante, la nécessité d'avoir une bonne topographie, et l'insuffisance des cartes que l'on possédait. Mieux instruit par l'expérience, on rappela aux armées les ingénieurs géographes que l'assemblée constituante avait supprimés ; et

quoiqu'ils

quoiqu'ils n'aient pas pu, dans ces premiers momens, donner à leurs travaux l'étendue et le détail nécessaires, ils ont cependant préparé les grands résultats obtenus depuis dans cette partie. Rien n'est plus aisé que de détruire; rien n'est si difficile, et surtout si long, que de réédifier.

On eut également la sagesse de conserver à leurs fonctions, les élèves et les Ingénieurs des travaux civils qui se trouvaient dans l'âge de la réquisition. Quelque besoin que l'on eût de défenseurs, on sentait qu'il faut dix ans d'étude pour faire un ingénieur, tandis que la santé et le courage suffisent pour créer un soldat. Cette époque désastreuse offre des exemples de prudence et d'habilité, que l'on n'a pas toujours imités dans des tems plus tranquilles.

Les Sciences venaient de rendre de grands services, on les calomnia : ceux qui les avaient employées furent obligés de les défendre, et le firent avec courage. Une circonstance, aussi imprévue que singulière, acheva de faire rechercher leurs secours.

Un officier arrive au comité de salut public : il annonce que les armées sont en présence, mais qu'on n'ose envoyer le soldat au feu parce que les eaux-de-vie sont empoisonnées ; des malades en ont bu dans les hôpitaux, et sont morts. Il prie le comité de les faire examiner, lui demande des ordres sur cet objet, et veut repartir à l'instant.

On fait assembler aussitôt les plus habiles chimistes; on leur ordonne d'analyser les eaux-de-vie, et d'indiquer, dans le jour, le poison et le remède.

Ces savans travaillent sans relâche, seuls, et ne se fiant qu'à eux-mêmes pour les plus petits détails ; à peine leur laisse-t-on le tems d'achever leurs opérations. Ils arrivent au comité de salut public, Robespierre présidait.

Ils annoncent que les eaux-de-vie ne sont point empoisonnées; qu'on y a seulement ajouté de l'eau dans laquelle se trouve de l'ardoise en suspension, en sorte qu'il suffit de les filtrer pour leur ôter toutes leurs propriétés nuisibles.

Robespierre, qui espérait une trahison, demande aux commissaires s'ils sont bien sûrs de ce qu'ils viennent d'avancer. Pour toute réponse, un d'eux fait apporter un filtre, y passe la liqueur, et n'hésite pas à en boire : tous les autres suivent son exemple. Comment, lui dit Robespierre, osez-vous boire de ces eaux empoisonnées? J'ai bien osé davantage, répondit-il, quand j'ai mis mon nom au bas du rapport.

Ce service, quoique peu important par lui-même, acheva de faire concevoir l'utilité des savans : on en appela un plus grand nombre près du comité de salut public. Là ils étaient à l'abri des dénonciateurs subalternes, dont la France était peuplée. N'ayant de relations qu'avec les membres chargés de la partie militaire, qui cherchait à les sauver, ils pouvaient, en gardant le silence, échapper aux regards soupçonneux des tyrans. Il n'y avait alors qu'une seule ressource pour le mérite et la vertu : cacher sa vie et se faire oublier. O Lavoisier, Bailly, Condorcet, pourquoi n'eutes-vous pas ce bonheur? Réunis aujourd'hui à ceux de vos amis qu'une sage obscurité a sauvés, vous jouiriez comme eux de la gloire de la France, dont vous feriez l'ornement.

Déjà, à l'époque dont nous parlons, Bailly n'était plus. Ses vertus, ses talens, son nom célèbre dans toute l'Europe, la manière noble et courageuse dont il avait présidé à la naissance de la liberté française; en un mot, tout ce qui attire l'estime et le respect des hommes, fut une barrière inutile contre la rage féroce qui le poursuivait. Il mourut, et les détails de son supplice furent affreux.

Au milieu de cette sanglante persécution, tous les moyens de défense sortirent de l'atelier obscur où le génie des Sciences s'était retiré.

La poudre était ce qui pressait le plus : le soldat allait en manquer. Les arsenaux étaient vides. On assembla la régie pour savoir ce qu'elle pourrait faire. Elle déclara que ses produits annuels s'élevaient à trois millions de livres ; qu'ils avaient pour base du salpêtre tiré de l'Inde ; que des encouragemens extraordinaires pouvaient les porter à cinq millions : mais qu'on ne devait rien espérer de plus. Lorsque les membres du comité de salut public annoncèrent aux administrateurs, qu'il fallait fabriquer dix-sept millions de poudre dans l'espace de quelques mois, ceux-ci restèrent interdits : si vous y parvenez, dirent-ils, vous avez des moyens que nous ignorons.

C'était cependant la seule voie de salut. On ne pouvait songer au salpêtre de l'Inde, puisque la mer était fermée. Les savans offrirent d'extraire tout du sol de la république. Une réquisition générale appela à ce travail, l'universalité des citoyens. Une instruction courte et simple, répandue avec une inconcevable activité, fit, d'un art difficile, une pratique vulgaire. Toutes les demeures des hommes et des animaux furent fouillées. On chercha le salpêtre jusques dans les ruines de Lyon ; et l'on dut recueillir la soude dans les forêts incendiées de la Vendée.

Les résultats de ce grand mouvement eussent été inutiles, si les Sciences ne les eussent secondés par de nouveaux efforts. Le salpêtre brut n'est pas propre à faire de la poudre ; il est mêlé de sels et de terres, qui le rendent humide, et diminuent son activité. Les procédés employés pour le purifier, demandaient beaucoup de tems. La seule construction des moulins à poudre eut exigé plusieurs mois : avant ce terme, la France était subjuguée. La chymie inventa des moyens nouveaux pour rafiner et sécher le salpêtre en quelques jours. On suppléa aux moulins, en faisant tourner par des hommes, des tonneaux où le charbon, le souffre et le salpêtre pulvérisés, étaient mêlés avec des boules de cuivre. Par ce moyen la poudre se fit en douze heures.

Ainsi se vérifia cette assertion hardie d'un membre du comité de salut public : on montrera la terre salpêtrée, et cinq jours après on en chargera le canon.

Les circonstances étaient favorables pour fixer dans toute leur perfection, les seuls arts qui occupaient la France. Des citoyens de tous les départemens furent envoyés à Paris, pour s'instruire dans la fabrication des armes et du salpêtre. On fit sur cet objet des cours rapides, que l'on appela révolutionnaires. Ils contribuèrent peu au mouvement général qui avait sauvé la république ; mais ils eurent un effet non moins important: celui de mettre en évidence l'étonnante facilité des français pour apprendre les sciences et les arts. Heureux don qui forme un des plus beaux traits du caractère de la nation, et qui devait, quelques instans plus tard, les retirer de la barbarie.

Malgré tant de services rendus par les sciences, les savans n'étaient pas moins persécutés : les plus célèbres étaient les plus exposés. Le vénérable d'Aubenton n'échappa à la proscription, que parce qu'ayant composé un ouvrage sur l'amélioration des troupeaux, on le prit pour un simple berger. Cousin, qui avait été moins heureux, composait dans sa prison des ouvrages de géométrie, et donnait des leçons de physiqne à ses compagnons d'infortune.

Lavoisier avait été aussi arrêté ; il faisait partie de la commission des poids et mesures : on crut que ce titre pourrait le faire mettre en réquisition par le comité de salut public, et le rendre à la liberté. Des démarches furent faites dans cette intention ; mais c'était mal connaître l'esprit du moment. Elles mirent en évidence la commission de l'académie, à laquelle on ne songeait plus : on la cassa comme suspecte, et on laissa Lavoisier en prison. Peu de tems après, cet homme illustre fut conduit à l'échaffaud. Il vivrait encore si on eut agi sur l'avidité des tyrans, plutôt que de s'adresser à leur justice.

Ceux mêmes que les besoins indispensables de la guerre avaient fait appeler auprès du comité, n'échappaient à la mort qu'en se cachant dans le silence de leurs travaux. Parler ou même penser sur le gouvernement, c'était conspirer. Que pouvaient des hommes qu'un mot conduisait à l'échaffaud? Et combien n'y aurait-il pas d'injustice à les rendre responsables de ce qu'ils n'ont pu empêcher?

Vers cette époque, quelques membres de la Convention appelèrent la discussion sur l'instruction publique, et demandèrent fortement qu'on organisât les écoles primaires. Le parti révolutionnaire s'y opposa. Il ne voyait dans les sciences, qu'un poison qui énerve les républiques. Les plus belles écoles étaient les séances publiques des départemens et des sociétés populaires. Des hommes très-éclairés, sans employer le même langage, parlèrent dans le même sens. Plus politiques que les premiers, ils sentaient que le bien était impossible; et qu'en voulant le faire, on exposait aux plus grands dangers le petit nombre d'hommes instruits que la France possédait encore.

On fit sous ce rapport tout ce que les circonstances permettaient. On créa une école militaire, où des jeunes gens de tous les départemens devaient être exercés au maniement des armes et à la vie des camps : ce fut l'Ecole de Mars. Son but n'était pas de former des officiers, mais des soldats instruits qui, répandus dans les armées françaises, les rendissent bientôt les plus éclairées de l'Europe, comme elles étaient déjà les plus aguerries. Le succès des cours révolutionnaires, relatifs aux poudres et salpêtre, avait fait concevoir la possibilité de cette instruction rapide, dont les avantages étaient alors si précieux. On parla même d'établir sur ce plan, une école normale, où les savans les plus distingués formeraient des professeurs, et donneraient des leçons sur l'art d'enseigner.

Ainsi, un petit nombre d'hommes, dont on a trop mal apprécié la conduite, retardaient seuls, par de constans efforts, les progrès de la barbarie, et luttaient de mille manières contre l'oppression que d'autres se contentaient de supporter.

Enfin, le trône sanglant que s'était élevé Robespierre, fut renversé : l'espérance succéda à la terreur, et la victoire aux revers.

Alors les sciences, sortant du foyer où elles avaient été concentrées et cachées, reparurent dans tout leur éclat. On connut les services qu'elles avaient rendus, les dangers qui les avaient menacées. Il fut permis, ô Condorcet, de savoir et de déplorer votre triste sort.

Le plan de campagne formé dans le comité de salut public, avait complettement réussi.

Les armées françaises s'étaient portées sur les derrières de l'ennemi, et menaçant sa retraite, l'avaient forcé d'abandonner précipitamment les places qu'il avait conquises : on marchait de succès en succès sur son territoire.

Les sciences et les arts, ranimés par la liberté, travaillèrent avec une activité nouvelle à préparer les victoires au dehors, et à réparer les maux du dedans. Tout ce que le génie, le travail et l'activité peuvent créer de ressources, fut employé pour que la France put seule se soutenir contre toute l'Europe, et se suffire à elle-même tant que durerait la guerre, fut elle éternelle et terrible (1).

Les savans qui avaient opéré de si grandes choses, jouissaient d'un crédit sans bornes. On n'ignorait pas que la république leur devait son salut et son existence. Ils profitèrent de cet instant de faveur, pour assurer à la France cette supériorité de lumières qui l'avait fait triompher de ses ennemis. Telle fut l'origine de l'école Polytechnique : les faits parlaient trop haut alors pour que l'on put mettre en doute l'utilité des sciences et des arts.

Cet établissement avait un triple but; former des ingénieurs pour les différens services; répandre dans la société civile des hommes éclairés ; exciter les talens qui pourraient avancer les sciences : rien ne fut épargné pour remplir cette importante destination.

Il était tems en effet de réorganiser l'instruction des corps destinés aux services publics: la plupart en manquaient entièrement. Quelques-uns avaient, à la vérité, des écoles particulières; mais l'enseignement y était faible et incomplet. Celle du génie militaire, la mieux dirigée de toutes, avait suspendu ses exercices par suite de la révolution. On avait été réduit à former une école provisoire, où l'on donnait rapidement aux élèves, les premières notions de l'attaque et de la défense des places; après quoi, on les envoyait aux armées.

De pareilles institutions ne répondaient, ni aux besoins de l'État ni à sa gloire. Leur faiblesse devait être sur-tout sentie par des hommes habitués aux idées générales, et dont la révolution avait encore exalté les esprits et aggrandi les vues. Ces hommes voulurent que la nouvelle école des travaux publics, fut digne en tout de la nation à laquelle elle était destinée. Leur plan fut vaste dans son objet, mais simple dans son exécution, et sûr dans ses résultats.

Ils virent que la science d'un bon ingénieur se compose de notions générales, communes à tous les genres de service, et de détails pratiques propres à chacun d'eux. Parmi les premières et au premier rang, sont les mathématiques élevées qui donnent de la tenue et de la sagacité à l'esprit. Viennent ensuite les grandes théories de la chimie et de la physique. Celles-ci, fondées sur des définitions moins rigoureuses, mais procédant comme les mathématiques, développent cette sorte de tact qui sert à interroger la nature, et montrent les ressources qu'elle peut fournir. Enfin, on doit y comprendre les principes généraux de toutes les espèces de construction, dont la connaissance est nécessaire pour rendre l'ingénieur indépendant des circonstances et des localités. On eut donc, dans la nouvelle école des cours de mathématiques pures et appliquées, des leçons de géométrie descriptive, de fortification, de dessin et d'architecture civile, navale et militaire.

Quand aux détails pratiques, on les renvoya aux anciennes écoles ; qu'on laissa subsister, en élevant toutefois leur enseignement. On rétablit le corps des ingénieurs géographes : on créa une école des mines, par ce moyen les besoins du service étaient assurés, quelque fût le succès du nouveau plan : réserve bien sage et que l'on aurait dû toujours imiter.

Il y avait encore bien loin de la conception de ce projet à son exécution. C'était peu d'avoir choisi les professeurs parmi les premiers savans de l'Europe, si l'on ne fixait leur leçon dans les esprits. Ne pouvant se communiquer à chaque élève en particulier, ils avaient besoin d'agens qui transmissent leurs actions à cette nombreuse jeunesse, et qui fussent en quelque sorte les nerfs de ce corps : les former fut le premier objet dont on s'occupa.

Parmi les jeunes gens qui s'étaient présentés au concours, on en choisit vingt des plus distingués. On leur donna des instrumens de physique, un laboratoire de chimie, et on les exerça sans relâche sur toutes les parties du plan qu'il s'agissait d'exécuter. Ces élèves, sortis pour la plupart des écoles de service public, sentaient l'insuffisance de l'instruction qu'on y donnait. Avides de savoir, ils s'enflammèrent par la présence des hommes célèbres qui étaient sans cesse avec eux. Les jours ne suffisaient pas à leur zèle; en trois mois ils furent en état de remplir les fonctions qui leur étaient destinées.

Ce n'était pas tout encore. Dans un tems où l'opinion et le pouvoir pouvaient varier d'un moment à l'autre, on risquait beaucoup si l'on ne donnait d'abord à l'école polytechnique, sa forme définitive. Les créateurs de ce vaste projet, avaient vu de trop près la révolution, pour ne pas sentir cette vérité. Mais auparavant, ils voulurent qu'un essai fait en grand, assurât leur méthode, classât les élèves, et montrât ce que l'on en pouvait attendre. Ils développèrent donc à leurs yeux, dans des cours rapides, le plan général de l'instruction. On parcourut en trois mois la matière du travail de trois années. Cette espèce d'existence au milieu des idées les plus sublimes qui aient occupé les hommes, excitait, dans ces ames neuves, un véritable enthousiasme. C'était un spectacle touchant, au milieu des divisions et des haînes que les partis avaient excitées, de voir quatre cents jeunes gens pleins de confiance et d'amitié les uns pour les autres, écoutant avec une attention profonde, les savans illustres que la mort avait épargnés.

Les résultats d'une si grande expérience, surpassèrent toutes les espérances que l'on en avait conçues.

Après cette instruction préliminaire, les élèves furent répartis en brigades, et l'enseignement prit la marche qu'il devait toujours conserver.

On avait tout fait pour l'école polytechnique; mais son sort dépendait d'un élément alors plus incertain que les vents et les flots : c'était le tems. Il ne fallait qu'un moment d'orage pour renverser ce fanal dressé aux sciences et replonger la France dans les ténèbres. On voulut qu'une vaste colonne de lumière sortit tout-à-coup du milieu de ce pays desolé, et s'élevât si haut, que son éclat immense put couvrir la France entière, et éclairer l'avenir.

On a conservé, avec un respect religieux, les noms de ces hommes dont l'existence se perd dans la nuit des tems, et qui s'élevant par leur génie au-dessus d'un siècle barbare, civilisèrent les peuples, en leur donnant les lettres, les sciences et les arts. Telle fut à la fin du 18.e siècle, la mission qu'eurent à remplir les illustres restes du génie français. Depuis l'art de la parole qui réunit les hommes en société, jusqu'à ces méditations profondes d'où sortent les loix générales de la nature, il fallut tout rapprendre, tout recréer; mais ce qui autrefois ne s'était opéré que par la force lente et irrésistible du tems, fut dans l'espace de quelques mois, connu, entrepris et exécuté.

L'école normale, car on sent assez que c'est d'elle que nous parlons ici, telle que le comité de salut public l'avait conçue, devait durer plusieurs années, et même devenir permanente, si le succès repondait aux espérances que l'on s'en était formées. Les professeurs furent dans tous les genres, les hommes les plus célèbres de la France; et il faut le dire, à la gloire de notre patrie, malgré tant de malheurs qu'elle avait éprouvés, c'était aussi les plus savans hommes de l'Europe. On la composa de 1200 élèves payés par l'état. Nombre immense, si l'on regarde les dépenses qui devaient

en

en resulter; mais à peine suffisant, si l'on considère à quel point l'ignorance s'était accrue, et combien il fallait se hâter d'arracher la France à la barbarie. Ce peuple qui avait vu et ressenti, en peu d'années, toutes les secousses de l'histoire, était devenu insensible aux impressions lentes et modérées; il ne pouvait être reporté aux travaux des sciences que par une main de géant. C'était en lui montrant des secours pour la guerre, qu'on devait le ramener aux arts de la paix.

L'école normale offrit le premier exemple de leçons orales données en même-tems sur toutes les parties des connaissances humaines Des sténographes recueillaient ces leçons qui sur-le-champ multipliées par l'impression se propageaient dans tous les points de la France avec une inconcevable activité. On apprit enfin la véritable manière d'enseigner les sciences; on connut, pour la première fois, la métaphysique de leurs principes. Elles parurent à tous les yeux comme un temple antique, que visitent les voyageurs; mais qui reste ignoré aux habitans des chaumières qui l'environnent, jusqu'à ce qu'une main puissante vienne en dégager la route, et relever les ruines qui en obstruaient l'entrée : c'était faire pour leur enseignement, ce que Galilée, Bacon et Descartes avaient fait pour leurs progrès. Quand l'école normale, n'aurait eu que ce seul résultat, son existence eut été un bienfait : la hauteur à laquelle les sciences sont parvenues est immense. La vérité naît maintenant au-dessus des nuages qui arrêtent les regards du vulgaire : elle plane long-tems dans ces régions élevées, avant de descendre vers le commun des hommes ; et que d'obstacles n'a-t-elle pas à vaincre pour arriver jusqu'à eux.

Un établissement si vaste ne pouvait subsister long-tems ; des causes multipliées, vinrent hâter sa ruine ; mais l'impulsion était donnée, et sa destinée était remplie.

Le comité de salut public avait conçu l'école normale. Ce fut le comité d'instruction publique que l'on chargea de l'organiser et de la diriger : de-là le manque absolu de plan, les oppositions sans cesse renaissantes, le défaut de force et de tenue. Le comité d'instruction publique, à son tour, se déchargea sur deux de ses membres, du soin qui lui était confié. A peine investis de cette nouvelle autorité, ils devinrent un objet de jalousie. L'école normale ne fut plus que leur affaire particulière ; et par l'effet de cette rivalité, toute l'influence qui aurait à peine suffi pour la soutenir, se réunit pour la renverser.

A cette cause s'en joignit une autre. Lorsque les élèves furent convoqués, la France sortait à peine de dessous la hache de Robespierre. Les agens de cette tyrannie étaient par-tout en horreur ; mais l'effroi qu'ils avaient inspiré, joint à la crainte que l'on avait du retour de leur puissance, leur conservait un reste de crédit. Ils en profitaient pour saisir les occasions de s'éloigner des lieux où ils avaient exercé leurs véxations. Plusieurs se firent nommer élèves de l'école normale. Ils y portèrent, avec l'ignorance qui leur était propre, la haine, la méfiance et le mépris qui les suivait par tout. A côté d'eux, se trouvaient des hommes pleins de sagesse, de talens et de lumières ; des hommes dont le nom était célèbre dans toute l'Europe ; mais le respect dont ceux-ci étaient revêtus, ne put envelopper les autres ; l'envie s'empara de ce prétexte ; la malveillance l'exagera, et l'école normale fut supprimée.

Cependant la plus belle partie de cette institution, l'esprit qui l'avait animée, subsista dans le recueil de ses séances. Cet ouvrage, en rendant élémentaires des méthodes réservées jusqu'alors aux savans, écarta les notions imparfaites et vagues que l'on avait coutume d'y substituer. Des écrivains distingués, des professeurs habiles, répandirent cette semence féconde, et la méthode philosophique ainsi popularisée, changea pour toujours, la face de l'enseignement.

C'est sur-tout dans la physique et les mathématiques que cette amélioration s'est fait sentir d'une manière remarquable. L'histoire naturelle et la chimie en ont aussi retiré des avantages, mais ils devaient être moins importans. Ces sciences nouvelles, et propres en quelque façon au 18.e siècle, avaient pris d'abord son caractère philosophique : elles étaient par conséquent mieux enseignées. Il n'en était pas de même des deux autres. Jamais la théorie, de la structure des cristaux, celle de la propagation du son et de la chaleur, celle de l'électricité et du magnétisme, n'avaient été si clairement et sur-tout si exactement expliquées. Jamais les élémens des mathématiques n'avaient été présentés d'une manière plus simple, plus précise, plus dégagée de ces idées inéxactes dont une fausse méthaphisique les enveloppait, Jamais enfin les grands résultats du calcul des probabilités n'avaient été exposés avec autant de clarté et d'éloquence. Telle est la cause de l'enthousiasme que ces leçons ont excitées, et de l'influence qu'elles ont eue. Le génie regarde de haut ; il voit aisément des rapports inconnus aux yeux ordinaires ; et lorsqu'il les élève dans sa sphère, en aggrandissant leur vue, la simplicité du spectacle qu'ils découvrent, les frappe d'étonnement et d'admiration.

Les desseins que l'on avait eus, en établissant l'école normale, pouvaient aisément se reporter à l'école polytechnique, il suffisait de maintenir et de completter le genre d'instruction qui s'y était établi. Ce plan offrait les plus grands avantages et un succès certain. Mais à cette époque, les savans devenus moins nécessaires, avaient déjà perdu une partie de leur crédit : on souffrait encore leurs conseils, on ne les laissait plus libres d'exécuter. En vain essayèrent-ils de développer les grandes vues qu'il les dirigeaient. Leurs plans furent traités de chimériques. Une faible dépense présente ne put être balancée par l'espoir assuré d'un immense avantage. Au lieu d'élever l'enseignement de l'école polytechnique, on l'abaissa ; le nombre de ses élèves fut diminué, ce qui obligea de s'assurer de leur travail par des réglemens plus sévères. Ce ne fut plus un établissement libre, animé par l'enthousiasme de l'étude, et consacré au perfectionnement des sciences et des arts, ce fut une école où l'on forma des ingénieurs. Elle ne cessa point d'être utile, et même nécessaire ; mais le genre, et sur-tout le dégré de son utilité, fut changé. On a prodigué si souvent les trésors, pour asservir ou pour tromper les hommes : fallait-il donc être avare quand il s'agissait de les éclairer ? et quelle honteuse parcimonie que celle qui s'attache à dessécher les sources où se nourrit l'esprit humain !

Mais le feu des sciences était rallumé dans trop de foyers ; il brillait par tout d'un trop vif éclat, pour être étouffé en un moment sous le pouvoir passager de l'ignorance. Les mains qui avaient reconstruit l'édifice des connaissances humaines, s'étaient d'abord empressées de relever ses respectables débris. Tandis que de nouveaux établissemens d'instruction naissaient de toutes parts, ceux qui avaient langui pendant la révolution, étaient déjà ranimés; d'autres que la terreur avait renversés, étaient déjà retablis sur des plans plus vastes et des fondemens plus solides : on s'était efforcé de rendre au moins les bienfaits durables, car on savait que la reconnaissance ne devait pas être éternelle.

De toutes les institutions anciennes, celle qui reçut le plus d'accroissement, fut le Muséum d'histoire naturelle. Cet établissement, consacré dans l'origine à la culture des plantes médicinales, n'offrait que des cours destinés à en faciliter la connaissance, ou à en indiquer les applications. Devenu, par la renommée de Buffon et les soins de Daubenton, le dépôt général de toute l'histoire naturelle, il avait vu s'accroitre ses richesses plus encore que son utilité. A la révolution il s'était trouvé protégé par cette sorte de respect qu'ont les hommes les plus grossiers pour les productions de la nature, dont ils reçoivent ou dont ils attendent des soulagemens à leurs maux. Il avait même été constamment défendu par les administrations révolutionnaires, qui l'avaient dans leur dépendance. Le regardant en quelque sorte comme leur propriété particulière, elles mettaient de l'orgueil à le conserver, et auraient infailliblement fait révolter les habitans du faubourg qui l'environne, si on eut essayé de lui porter atteinte. Ces circonstances singulières, jointes à la grande union des professeurs avaient maintenu ce bel établissement dans un état sinon croissant du moins stationnaire. A la renaissance de l'ordre, on songea à lui donner l'extension qu'il pouvait acquérir, et qui avait été déjà projettée et ordonnée au milieu même de la terreur. On aggrandit le jardin de botanique ; on doubla l'étendue du terrein destiné à l'établissement ; une ménagerie fut formée ; de nouvelles serres, de nouvelles galeries s'élevèrent ; on confirma l'addition des nouveaux professeurs; toutes les dépenses nécessaires furent faites avec magnificence. Ainsi, dans le même lieu où toutes les productions du globe se trouvaient réunies, l'histoire naturelle fut pour la première fois enseignée dans son ensemble; et ces cours devenus celèbres par l'éclat des faits qu'on y expose, le nombre des élèves qui les fréquentent, et les grands ouvrages dont ils ont été la cause ou le motif, ont fait du muséum d'histoire naturelle, un des premiers établissemens d'instruction qui existent en Europe.

Un autre non moins important par son utilité, mais plus vaste dans son objet, le collège de France avait aussi survécu à la révolution, et reprenait ses exercices. Il ne devait sa conservation ni à son antique célébrité, ni aux talens des professeurs qui le composaient. N'ayant point de riches collections qui pussent attirer les regards, point de biens particuliers qui pussent tenter l'avidité, il fut simplement oublié par les révolutionnaires, et dut son salut à leur ignorance. Les professeurs partagèrent l'honorable persécution qui s'attachait alors à tout ce qui avait un mérite reconnu; mais s'ils n'échappèrent pas tous à la captivité, du moins aucun ne perdit la vie. Enfin, lorsque des tems plus calmes permirent à la vertu de se montrer, et aux talens de reparaître, ils revinrent dans cette école, illustrée par leurs travaux et ceux de leurs prédécesseurs; ils y reprirent leurs honorables fonctions, sans s'informer du sort qu'on leur réservait; seulement animés par le besoin et, si l'on peut s'exprimer ainsi, par l'habitude d'être utiles. Mais bientôt l'appui du gouvernement et la considération publique, vinrent récompenser leur zèle.

Le collège de France est aujourd'hui chez nous, et peut-être dans le reste de l'Europe, le seul établissement où l'on professe, dans toute leur étendue, l'ensemble des connaissances humaines. Son but est de répandre sans cesse les notions élevées des sciences; de maintenir, de préparer les progrès de la littérature, soit en conservant le goût et la pureté des auteurs anciens, soit en faisant briller l'ordre, l'éclat et la richesse des modernes. Son devoir est d'être sans cesse à la tête de tous les établissemens d'instruction publique, pour agiter devant eux le flambeau des lumières, les guider et les entraîner.

Par une de ces bizarreries inexplicables dont la révolution n'a offert que trop d'exemples, les écoles de Médecine avaient été supprimées, à l'époque où leur service devenait le plus nécessaire, pour fournir à nos nombreuses armées les officiers de santé dont elles avaient besoin. Leur rétablissement fut un des premiers objets dont on s'occupa, quand la tourmente qui avait agité la France commença à s'appaiser.

Jusqu'à ces derniers temps, la médecine et la chirurgie, separées l'une de l'autre, se disputaient mutuellement la prééminence. Toutes deux avaient leurs formes, leurs écoles particulières; elles semblaient s'être divisé l'humanité souffrante, au lieu de se réunir pour la soulager. De part et d'autre les hommes de mérite méprisaient ces inutiles distinctions, reste grossier des préjugés qui accompagnent l'enfance des sciences. Ils sentaient que l'art de guérir doit comprendre toutes les connaissances, tous les moyens qui peuvent contribuer à ses succès; mais ces idées élevées étaient combattues par les petits esprits, qui n'étant pas capables de saisir des rapports généraux, attachent toujours aux détails une grande importance. La révolution termina ces disputes, en réunissant les uns et les autres dans les mêmes malheurs.

Lors du rétablissement de l'instruction publique, les écoles de santé, fondées sur les plans et par les conseils des hommes les plus éclairés, présentèrent un ensemble d'enseignement complet sur toutes les parties de l'art de guérir. La physique et la chimie, qui en font la base, s'y trouvèrent naturellement comprises, et rien de ce qui peut y contribuer, dans l'état actuel des sciences, ne fut oublié. De-là sont déjà sortis des professeurs habiles, des anatomistes célèbres, et une multitude d'élèves distingués, qui ont porté dans les armées et dans toutes parties de la France, le courage et le talentde leurs maîtres.

Enfin, pour completter les moyens qui pouvaient contribuer au rétablissement des lumières, on songea à l'organisation de l'enseignement élémentaire le plus difficile et le plus important de tous; on adopta, comme l'avait fait l'Assemblée constituante, trois degrés d'instruction publique, par conséquent trois sortes d'enseignemens; les écoles primaires, les écoles secondaires et les écoles centrales. Mais les premières et les dernières furent les seules établies: la formation des autres fut d'abord négligée, ensuite oubliée, et enfin regardée comme inutile; on a trop vu depuis que cet intermédiaire est indispensable pour lier les anneaux extrêmes de l'enseignement. Le vuide qu'on avait d'abord laissé entr'eux n'a pas empêché les écoles centrales de fournir un grand nombre d'élèves, de produire d'excellens livres élémentaires, et de conserver pures à la jeunesse les sources de l'éducation; mais il a affaibli leur force en étendant la sphère de leur activité; et cette cause , jointe aux entraves continuelles que lesdivers partis leur ont opposées , a dû amener leur ruine.

Au reste, quelque forme que l'on donne à l'enseignement élémentaire dans les écoles publiques, il existe dans l'état actuel des connaissances des conditions auxquelles il doit satisfaire , si l'on veut qu'il soit utile à leur progrès.

La première est que les sciences et les lettres s'y trouvent alliées et réunies. On ne doit plus les séparer dans leurs bases, lorsqu'elles sont confondues à leurs sommets. Ce sont les lettres qui ont donné aux sciences l'eclat dont elles brillent aujourd'hui. Sans les sciences la nation la plus lettrée deviendrait faible et bientôt esclave; sans les lettres la nation la plus savante retomberait dans la barbarie.

Il est également nécessaire que les sciences soient enchaînées les unes aux autres. Cette union fait leur force et leur véritable philophie : elle seule a été la cause de tous leurs progrès.

Il faut enfin que les professeurs soient guidés et non pas asservis. Si tout est fixé jusqu'aux moindres détails , il n'y a plus d'émulation : que l'objet de l'enseignement soit déterminé : que la forme générale en soit réglée ; qu'il soit dirigé par une réunion d'hommes éclairés, mais que l'instruction publique soit vivante : que l'on cherche à exciter les esprits plutôt qu'à les enchaîner. Ainsi, point de corporations enseignantes ; elles ressemblent à ces statues antiques qui servaient autrefois à guider les voyageurs, et dont le doigt immobile indique encore, après des milliers d'années, des routes qui n'existent plus.

Sur-tout n'oublions pas que rien n'est parfait dans sa naissance. Le tems seul amenera un bon plan d'éducation, lorsqu'on profitera des défauts indiqués par l'expérience, pour corriger et non pour détruire. Sans doute le plan sur lequel furent établies les écoles centrales était imparfait ; mais réunissez les plus savants hommes de l'Europe, chargez les d'organiser l'instruction publique, en leur laissant la plus entière liberté ; leurs plans seront vastes, brillants, solides, cependans ils auront besoin d'être modifiés avec le tems. Le tems est un levier qu'aucune puissance humaine ne peut suppléer. On ne fait pas en un instant ce que vingt siecles n'ont pu faire. Tâchons donc d'améliorer jusqu'à ce que nous soyons sûrs de remplacer avec avantage. Quoique l'ancienne éducation fut très incomplète, la destruction subite des universités a été un grand mal : n'imitons pas ceux que nous blamons, sur-tout dans les torts qu'ils ont eus.

Voilà les monumens qu'élevèrent, dans l'espace de quelques mois, un petit nombre de savants à peine échappés aux ravages de la terreur. Que l'on parcoure les annales des peuples ; que l'on rassemble, s'il le faut, plusieurs pays et plusieurs âges, on ne trouvera pas une nation, pas une époque où l'on ait tant fait pour l'esprit humain.

Il resterait à exposer les grands résultats qui sont nés de ces efforts. On verrait la France guérie de ses blessures, reprenant sa place parmi les nations savantes de l'Europe; mais plus forte, et comme grandie par l'adversité. On verrait la nuit de la terreur dissipée par la lumière éclatante de ces hommes de génie, qui, calmes au milieu de l'orage, méditaient profondément sur les ouvrages éternels de la nature. Il faudrait montrer un des plus grands peuples du monde, transporté tout-à-coup des arsenaux de la guerre aux ateliers des arts, déployant dans ces études paisibles la même upériorité que dans les combats. Il faudrait peindre nos armées portées sur les mers jusques dans ces climats mystérieux qui ont vu les premiers travaux des hommes ; faisant asseoir les sciences et les arts sur le char de la victoire, ramenant enfin le calme, et rendant à l'Europe désolée un repos depuis si long-tems perdu.

Mais ici je m'arrête : mon but n'a pas été de suivre la marche tranquille des sciences, lorsqu'elles s'avancent sous un ciel sans nuages, éclairées par la douce lumière de la paix. Ce n'est pas le calme que j'ai dû peindre, mais la tempête ; j'ai voulu montrer les Sciences luttant avec toutes leurs forces contre la plus violente des révolutions ; lorsque tout était conjuré pour les détruire, qu'elles étaient proscrites, persécutées, et qu'au milieu de cette persécution même, elles tiraient encore de leur propre sein le salut de la patrie : j'ai voulu enfin faire sortir de cette expérience terrible, les phénomènes mémorables, qui attestant leur immuable stabilité, ont prouvé aux races futures qu'il n'est point de tyrannie assez pesante pour replonger l'esprit humain dans les abîmes de l'ignorance dont il est sorti pour toujours.

FIN.

NOTE.

Les moyens d'avoir du fer, de l'acier, du salpêtre, de la poudre et des armes, avaient été créés pendant la terreur. Voici, au commencement de la troisième année de la République, les résultats de ce grand mouvement.

12 millions de salpêtre extraits du sol de la France, dans l'espace de 9 mois. A peine en retirait-on autrefois un million par année.

15 fonderies en activité pour la fabrication des bouches à feu de bronze. Leur produit annuel porté à 7000 pièces. Il n'existait en France que deux établissemens de ce genre avant la révolution.

30 fonderies pour les bouches à feu en fer, donnant 13000 canons par année. Il n'y en avait que quatre au moment de la guerre : elles donnaient annuellement 900 canons.

Les usines pour la fabrication des projectiles et des attirails d'artillerie multipliées dans le même rapport.

20 nouvelles manufactures d'armes blanches dirigées sur des procédés nouveaux. Il n'en existait qu'une seule avant la guerre.

Une immense fabrique d'armes à feu créée tout à coup à Paris même, et donnant 140,000 fusils par année; c'est-à-dire, plus que toutes les anciennes fabriques ensemble. Plusieurs établissemens de ce genre formés sur le même plan dans les différens départemens de la République.

188 ateliers de réparation pour les armes de toute espèce. Avant la guerre il n'en existait que six.

L'établissement d'une manufacture de carabines : armes dont la fabrication était jusqu'alors inconnue en France.

L'art de renouveller les lumières des canons découvert, et porté aussitôt à une perfection qui permet de l'exercer au milieu des camps.

La description des moyens par lesquels on peut extraire du Pin le goudron nécessaire à la marine.

L'Aérostat et le Télégraphe devenus des machines de guerre.

Tous les procédés des arts de la guerre simplifiés et perfectionnés par l'application des théories les plus savantes.

Un établissement secret formé à Meudon pour cet objet. On y faisait des expériences sur la poudre de muriate suroxigéné de potasse, sur les boulets incendiaires, les boulets creux, les boulets à bague.

De grands travaux commencés pour extraire du sol de la France tout ce qui sert à la construction, à l'équipement et aux approvisionnemens des vaisseaux.

Plusieurs recherches pour remplacer ou reproduire les matières premières que les besoins de la guerre avaient dévorées ; pour multiplier le salin et la potasse que la fabrication de la poudre enlevaient aux manufactures.

Une instruction simple et lumineuse pour fixer l'art

de fabriquer le savon, et le mettre à portée de tous les citoyens.

L'invention de la pâte qui compose les crayons que l'on tirait précédemment de l'Angleterre.

Et ce qui était inappréciable dans ces circonstances, la découverte d'une méthode pour tanner, en peu de jours, les cuirs qui exigeaient ordinairement plusieurs années de préparation.

www.ingramcontent.com/pod-product-compliance
Ingram Content Group UK Ltd.
Pitfield, Milton Keynes, MK11 3LW, UK
UKHW020937180726
13838UKWH00003B/1005